BEI GRIN MACHT SICH IHR WISSEN BEZAHLT

- Wir veröffentlichen Ihre Hausarbeit, Bachelor- und Masterarbeit

- Ihr eigenes eBook und Buch - weltweit in allen wichtigen Shops

- Verdienen Sie an jedem Verkauf

Jetzt bei www.GRIN.com hochladen
und kostenlos publizieren

Holger Müller

John Nash und die Spieltheorie

GRIN Verlag

Bibliografische Information der Deutschen Nationalbibliothek:

Die Deutsche Bibliothek verzeichnet diese Publikation in der Deutschen National-
bibliografie; detaillierte bibliografische Daten sind im Internet über http://dnb.d-
nb.de/ abrufbar.

Dieses Werk sowie alle darin enthaltenen einzelnen Beiträge und Abbildungen
sind urheberrechtlich geschützt. Jede Verwertung, die nicht ausdrücklich vom
Urheberrechtsschutz zugelassen ist, bedarf der vorherigen Zustimmung des Verla-
ges. Das gilt insbesondere für Vervielfältigungen, Bearbeitungen, Übersetzungen,
Mikroverfilmungen, Auswertungen durch Datenbanken und für die Einspeicherung
und Verarbeitung in elektronische Systeme. Alle Rechte, auch die des auszugsweisen
Nachdrucks, der fotomechanischen Wiedergabe (einschließlich Mikrokopie) sowie
der Auswertung durch Datenbanken oder ähnliche Einrichtungen, vorbehalten.

Impressum:

Copyright © 2009 GRIN Verlag GmbH
Druck und Bindung: Books on Demand GmbH, Norderstedt Germany
ISBN: 978-3-640-84450-0

Dieses Buch bei GRIN:

http://www.grin.com/de/e-book/167887/john-nash-und-die-spieltheorie

GRIN - Your knowledge has value

Der GRIN Verlag publiziert seit 1998 wissenschaftliche Arbeiten von Studenten, Hochschullehrern und anderen Akademikern als eBook und gedrucktes Buch. Die Verlagswebsite www.grin.com ist die ideale Plattform zur Veröffentlichung von Hausarbeiten, Abschlussarbeiten, wissenschaftlichen Aufsätzen, Dissertationen und Fachbüchern.

Besuchen Sie uns im Internet:

http://www.grin.com/

http://www.facebook.com/grincom

http://www.twitter.com/grin_com

Inhaltsverzeichnis

Einleitung

Die vorliegende Ausarbeitung beschäftigt sich mit der Spieltheorie und behandelt neben allgemeinen Aspekten dieser mathematischen Disziplin das von John F. Nash begründete Lösungskonzept, das Nash-Gleichgewicht.

Das Nash-Gleichgewicht ist ein Lösungskonzept für nicht-kooperative Spiele, weshalb auch lediglich dieser Zweig der Spieltheorie behandelt wird. In der nicht-kooperativen Spieltheorie sind keine verbindlichen Abmachungen zwischen den Akteuren möglich. Desweiteren ist zu erwähnen, dass es im Rahmen dieser Arbeit nicht möglich ist, ein vollständiges Gerüst der Spieltheorie auszubauen, um das Konzept darzustellen. Es ist aber möglich, mithilfe eines intuitiven Verständnisses und einigen spieltheoretischen Aspekten das Konzept vorzustellen, vor diesem Hintergrund wird das Nash-Gleichgewicht und auch Teilaspekte der Spieltheorie vorgestellt.

Das Wort Spieltheorie wird von vielen Leuten, die zum ersten Mal mit dieser Disziplin in Kontakt treten, falsch verstanden. In diesem Zusammenhang muss erwähnt werden, dass die Spieltheorie eine Wissenschaft ist, die eher aus dem englischen Sprachgebrauch kommt und dort mit „*Game Theory*" beschrieben wird. Der Begriff „*Game*" ist weniger vieldeutig als der deutsche Begriff „*Spiel*". „*Game*" deutet eher auf das strategische Spiel[1] hin (vgl. [1], S. 25).

John Nash ist 1928 in Bluefield, Virginia, geboren. Nash promovierte nach dem Mathematikstudium an der Princeton University. Er galt als ein vielseitig und überaus begabter Mathematiker. 1959 erkrankte Nash an Schizophrenie, konnte die Krankheit aber Mitte der 1980er Jahre besiegen. Seine spannende Lebensgeschichte wurde in dem Oscar prämierten Film „A Beautiful Mind" im Jahr 2001, verfilmt. Nash war bei der Produktion des Films selbst als Berater tätig (vgl. [2], S. 2). Nashs wichtigste Beiträge sind u. a.: Die Formulierung des Nash-Gleichgewichtes (eine ausführliche Behandlung des Themas erfolgt in Kapitel 2) und die Nash-Verhandlungslösung, die u. a. beschreibt, wie Verhandlungspartner einen gemeinsam erwirtschafteten Mehrgewinn aufteilen können. Darüber hinaus prägte Nash die Unterscheidung von kooperativer und nichtkooperativer Spieltheorie.

Bemerkenswert ist auch die Dissertation von Nash, die lediglich aus 32 Seiten bestand, handgeschriebenen Formeln und nur einem Anwendungsbeispiel: Das Spiel Poker. Trotzdem gilt die Arbeit als bahnbrechend. Historisch betrachtet, kann man durchaus behaupten, dass Nash den Grundstein für die Anwendung der Spieltheorie auf realwissenschaftliche Sachverhalte gelegt hat (vgl. [3]).

---

[1]Glückspiele werden in der Regel mit dem englischen Wort „*gamble*" und Kinderspiele mit dem Wort „*play*" beschrieben.

Das erste Kapitel gibt einen kleinen Einblick in die Spieltheorie. Es beginnt mit einer Erklärung, was die Spieltheorie ist, anschließend wird ein geschichtlicher Abriss dieser mathematischen Disziplin gegeben, darauf folgend werden einige Anwendungsgebiete erläutert.

Das zweite Kapitel spricht das Nash-Gleichgewicht an, neben allgemeinen Voraussetzung wird erläutert, wie man ein Nash-Gleichgewicht in Normalformspielen findet und warum das Nash-Gleichgewicht so ein wichtiges, universelles Lösungskonzept ist.

1 Die Spieltheorie

1.1 Was ist die Spieltheorie?

Gegenstand der Spieltheorie ist die Analyse von strategischen Entscheidungssituationen, derartige Situationen setzen folgende Aspekte voraus (vgl. [4], S. 1):

1. Das Ergebnis hängt nicht nur von dem eignenen Verhalten, sondern auch von dem Verhalten der anderen Akteure (Mitspieler) ab.

2. Die Entscheidungsträger sind sich dieser wechselseitigen Abhängigkeit bewusst.

3. Jeder Entscheidungsträger geht davon aus, dass alle anderen sich ebenfalls dieser wechselseitigen Abhängigkeit bewusst sind.

4. Jeder Spieler berücksichtigt 1-3 bei seiner Entscheidung.

Es werden mathematische Modelle aufgestellt, die bestimmte Aspekte formal und präzise darstellen und dadurch analysiert werden können. Eine Problemstellung wird so modelliert, dass mathematische Verfahren für ein Lösungskonzept angewendet werden können. Begriffe wie Nutzen, Information, Strategie, Auszahlung und Gleichgewicht sind alles Begriffe, die auch in der Alltagssprache Verwendung finden, im Rahmen der Spieltheorie aber präzise definiert sind.

Rieck fasst den Gegenstandsbereich der Spieltheorie sehr prägnant zusammen:

„Gegenstand der Spieltheorie sind Entscheidungssituationen, in denen das Ergebnis für einen Entscheider nicht nur von seinen eigenen Entscheidungen abhängt, sondern auch von dem Verhalten anderer Entscheider.
Spieltheorie ist also eine Theorie sozialer Interaktion ([5], S. 21)."

1.2 Geschichte

Im Schriftwechsel von Bernoulli und Montmort aus dem Jahr 1713 ist scheinbar die älteste wissenschaftliche Abhandlung über „Spiele" zu finden. Die ersten formalen spieltheoretischen Grundlagen, die vor allem aus der wirtschaftlichen Perspektive von großer Bedeutung waren, gehen auf Antoine Corunot 1838 zurück (vgl. [2], S. 1). Auch Ernst Zermelo und Emile Borel haben spieltheoretische Analysen betrieben. In dem Artikel „Über eine Anwendung der Mengenlehre auf die Theorie des Schachspiels" von 1913 hat Zermelo bewiesen, dass es bei einer bestimmten Art von Spielen (die sogenannte Nullsummenspiele) mit endlicher Zahl von Strategien und perfekter Information nur eine optimale Strategie gibt. Dame, Schach, Mühle wären typische Beispiele derartiger Spiele. Bis heute wurde allerdings nicht herausgefunden, wie die jeweilige optimale Strategie hierfür aussieht (vgl. [6], S. 4f).

Ende der 20er Jahre entwickelte John von Neumann in dem Buch „Theory of parlor Games" eine formale Analyse von Gesellschaftsspielen und wandte diese Erkenntnisse später auf wirtschaftliche Fragestellungen an (vgl. [7], S. 4f).

Die Geschichte der Spieltheorie als wissenschaftlich-mathematische Disziplin beginnt schließlich 1944 mit dem Buch „Theory of Games and Economic Behavior" von Oskar Morgenstern und John von Neumann. Dieses Buch legte den Grundstein der heutigen Spieltheorie, die durch viele Aspekte, Terminologien und Problemstellungen, die die Autoren entwickelten, geprägt ist und somit die Spieltheorie bis in die Gegenwart beeinflusst.

Insgesamt ist zu sagen, dass die Entwicklung der Spieltheorie eine spannende Erfolgsgeschichte ist. Berninghaus u. a. stellen fest, dass sie sich von einem „Teilgebiet der angewandten Mathematik zu einem mächtigen methodischen Werkzeugkasten für die gesamte ökonomische Theorie wie auch darüber hinaus für andere Sozialwissenschaften entwickelt" ([8], S. 7) hat.

1.3 Anwendungsgebiete

Aufgrund der Vielseitigkeit der Spieltheorie ist keine vollständige Beschreibung der Anwendungsgebiete möglich. Um die Relevanz der Disziplin deutlich zu machen, werden dennoch exemplarisch einige Beispiele herausgestellt.

In den Wirtschaftswissenschaften findet die Spieltheorie so z. B. Anwendung bei der Wahl von Marketingsstrategien und bei dem Verhalten und der Organisation von Auktionen. Auf diese Weise wurden spieltheoretische Analysen bei der spektakulärsten Auktion der deutschen Wirtschaftsgeschichte im August 2000, bei der für etwa 100 Milliarden DM sechs UMTS-Lizenzen versteigert wurden, eingesetzt. Aber auch bei dem Bietverhalten von „kleinen Auktionen" (Stichwort „eBay") können spieltheoretische Analysen hilfreich sein.

Ebenso kann die Spieltheorie zur Analyse von Preisbildungen, bei der Übernutzung von Ressourcen und bei oligopolistischen Konkurrenzen hilfreich sein (vgl. [1], S. 33). Diekmann stellt diesbezüglich fest, dass „seit der mikroökonomischen und spieltheoretischen Wende in der Ökonomie [...] die Spieltheorie [...] zur formalen Grundlage ökonomischer Modellbildung geworden ist" ([6], S. 16). Holler und Illing gehen sogar noch weiter, wenn sie schreiben, dass „von vielen Ökonomen die Spieltheorie heute als die formale Sprache der ökonomischen Theorie betrachtet wird" ([4], S. 1).

Auch in der Politik wird von spieltheoretischen Methoden profitiert: Konflikte zwischen Staaten, strategische Kriegsführung[2] sind ebenso Anwendungsgebiete wie der Parteienwettbewerb und das Wahlverfahren (vgl. [6], S. 16).

In der Biologie versucht man u. a. evolutionäre Prozesse, z. B. den Zusammenhang von Artenentwicklung (vgl. [1], S. 33), der Partnerwahl, dem Kampf um Nahrungsreserven oder auch Revierkämpfe in Tierpopulationen, spieltheoretisch zu durchleuchten (vgl. [8], S. 6f).

Ebenfalls können viele Forschungthemen aus sozialwissenschaftlichen Disziplinen (z. B. Philosophie, Soziologie) aus spieltheoretischer Sicht analysiert werden: Die Frage von Moral und Eigennutz kann genauso untersucht werden wie das Verhalten in sozialen Dilemmata. Die Spieltheorie ist hierbei mehr als nur eine Methode zur Analyse von Problemen, sondern kann auch zur Theoriebildung beitragen (vgl. [6], S. 16).

---

[2]Viele bedeutende Spieltheoretiker u. a. Nash und Neumann haben für das amerikanische Militär gearbeitet. Thomas Schelling, einer der drei Nobelpreisträger im Jahr 2005, bekam den Nobelpreis für die spieltheoretische Analyse des kalten Krieges (vgl. [9], S. 8).

4

Zusammenfassend kann festgehalten werden, dass die Spieltheorie als mathematische Disziplin Anwendungen in vielen unterschiedlichen Bereichen, von ökonomischen, gesellschaftlichen, politischen bis hin zu biologischen Phänomen, findet. Der Transfer vom wirklichen Leben hin zum spieltheoretischen Konzept ist jedoch vor allem in komplexen Sachverhalten äußerst schwierig.

2 Nash-Gleichgewicht

Ein Vorschlag, wie die Spieler sich zu verhalten haben, wird in der Spieltheorie als Lösung bezeichnet. Unter einem Lösungskonzept kann man eine Anweisung verstehen, wie in einer Klasse von Spielen, eine Lösung entwickelt werden soll (vgl. [5], S. 23). In nicht-kooperativen Spielen werden die Lösungen so entwickelt, dass jeder Spieler kein Interesse daran hat, von ihr abzuweichen. Eine Lösung mit dieser Eigenschaft wird auch als „Gleichgewicht" bezeichnet (vgl. [4], S. 6). Wie schon erwähnt, ist es in dem Rahmen dieser Ausarbeitung nicht möglich ein vollständiges Gerüst der Spieltheorie und des Nash-Gleichgewichts aufzubauen. Von daher werden keine formalen Definitionen gegeben, sondern es werden „sprachliche" Definitionen im Vordergrund stehen.

Ein Nash-Gleichgewicht kann man in dem Sinne sprachlich wie folgt definieren:

Definition 2.1 (Nash-Gleichgewicht)
Das *Nash-Gleichgewicht* ist eine Strategienkombination, in der alle Spieler eine beste Antwort auf das Verhalten der Gegenspieler spielen.

Die beste Antwort wird dabei durch die Fragestellung charakterisiert, welche Strategie sich am besten eignet, um seinen eigenen Nutzen unter Berücksichtigung einer vorgegebenen Strategiekombination[3] der anderen Spieler zu maximieren. Eine beste Antwort eines Spielers i ist also die Strategie, die unter den für ihn verfügbaren Strategien die höchste Auszahlung ergibt, unter der Voraussetzung einer gegebenen Strategie des Gegenspielers (vgl. [6], S. 231). Ein Nash-Gleichgewicht liegt dann vor, wenn beide Spieler wechselseitig beste Antworten spielen.

Ist eine Strategie, z. B. s_{11} eine beste Antwort des Spielers 1 auf die Strategie s_{22} des Gegenspielers, so bezeichnen wir den Sachverhalt mit: $BR_1(s_{22}) = s_{11}$ (BR steht für

---

[3]Eine Strategiekombination ist die Kombination der Strategien aller Spieler, wobei jeder Spieler eine bestimmte Strategie gewählt hat.
S beschreibt die nichtleere Menge an Strategien, die jedem Spieler i zur Verfügung stehen.

„Best Response", zu Deutsch beste Antwort).

Spielen nun beide Spieler wechselseitig beste Antworten zueinander, befinden sie sich im **Nash-Gleichgewicht**, hier hat kein Spieler einen Anreiz, einseitig von der Wahl seiner Strategie abzuweichen oder anders ausgedrückt: kein Spieler stellt sich besser, wenn er von seiner Strategie abweicht.

2.1 Wie findet man ein Nash-Gleichgewicht?

Im weiteren Verlauf wird noch einmal explizit aufgeführt, wie ein Nash-Gleichgewicht gefunden wird. Basierend auf Rieck ([5], S. 301) wird eine Handlungsanweisung formuliert, mit der man ein Nash-Gleichgewicht in Normalformspielen ausmacht:

▶ Betrachte nacheinander alle Zeilen

    − Markiere die beste Antwort (bzw. die höchste Auszahlung) des Spaltenspielers auf die jeweilige Zeile (also die beste Antwort auf die jeweilige Strategie des Gegenspielers) durch eine beliebige Farbe in dem betreffenden Matrixfeld. Für den Spaltenspieler gelten immer die zweiten Zahlen. Falls die höchste Auszahlung mehrfach vorkommt, gibt es mehrere beste Antworten, die alle markiert werden.

▶ Betrachte nacheinander alle Spalten

    − Markiere die beste Antwort (bzw. die höchste Auszahlung) des Zeilenspielers auf die jeweilige Spalte durch eine beliebige Farbe in dem betreffenden Matrixfeld. Für den Zeilenspieler gelten immer die ersten Zahlen. Falls die höchste Auszahlung mehrfach vorkommt, gibt es mehrere beste Antworten, die alle markiert werden.

▶ Alle Felder, in denen für beide Spieler Markierungen zu finden sind, sind wechselseitig beste Antworten und dementsprechend Nash-Gleichgewichte.
Ein striktes Nash-Gleichgewicht ist daran zu erkennen, dass in der Zeile bzw. Spalte keine weitere Markierungen vorhanden sind.

Das nächste Beispiel soll noch einmal verdeutlichen, wie man ein Nash-Gleichgewicht ausmachen kann, dabei werden die beiden Beispiele nicht motiviert, sondern lediglich die

Auszahlungsmatrixen betrachtet. Auch wenn ein Spiel in Normalform in dieser Arbeit nicht explit definiert ist, reicht es, für die Erklärung des Nash-Gleichgewichts die Auszahlungsmatrix darszustellen, in der die Auszahlungen den Nutzen eines Spielers darstellen. Dabei muss es sich nicht zwingend um Geldwerte handeln:

Beispiel 2.1

Das Spiel besteht aus zwei Spielern, die jeweils drei Strategien zur Verfügung haben. $S_1 = \{U, M, D\}$ und $S_2 = \{l, c, r\}$.

Wie in der Handlungsanweisung beschrieben, werden die jeweils besten Antworten auf die einzelnen Strategien der Spieler markiert. Die besten Antworten des Spielers 1 werden mit blau, die des Spielers 2 in rot markiert:

Tabelle 1: Auszahlungsmatrix Beispiel 2.1

Spieler 1	Spieler 2		
	l s_{21}	c s_{22}	r s_{23}
U s_{11}	(0, 1)	(2, 2)	(5, 4)
M s_{12}	(11, 2)	(4, 3)	(1, 1)
D s_{13}	(0, 3)	(2, 2)	(6, 2)

▶ $BR_1(l) = M$ ▶ $BR_2(U) = r$

▶ $BR_1(c) = M$ ▶ $BR_2(M) = c$

▶ $BR_1(r) = D$ ▶ $BR_2(D) = l$

Es ist zu erkennen, dass die Strategiekombination $(s_{12}, s_{22}) = (M, c)$ wechselseitig beste Antworten sind und somit im Nash-Gleichgewicht liegen. Hier hat keiner der beiden Spieler einen Anreiz die Strategie einseitig zu ändern, da er sich immer verschlechtern würde. Es ist aus diesem Grund eine stabile Lösung.

2.2 Warum sollte man ein Nash-Gleichgewicht wählen?

Der letzte Aspekt, der in diesem Abschnitt angesprochen werden soll, ist die Legitimation für die Lösungsstrategie des Nash-Gleichgewichts. Warum ist es überhaupt so ein plausibles und wichtiges Lösungskonzept? Es wurde schon erwähnt, dass ein Gleichgewicht immer ein stabiles Strategieprofil ist, d. h. kein Spieler hat einen Anreiz die Strategie zu wechseln, sofern der Gegenspieler seine Strategie beibehält. Es gibt weitere wichtige Begründungen dafür, warum ein Spiel im Nash-Gleichgewicht enden sollte. Aus Holler und Illing ([4], S. 59ff) wird die erste entnommen:

▶ Jeder Spieler verhält sich im Nash-Gleichgewicht rational.

Alle Spieler gehen davon aus, dass sich der jeweilige Gegenspieler auch rational verhält. Zur Verdeutlichung wird die Auszahlungsmatrix 1 aus dem Beispiel 2.1 betrachtet: Natürlich hat der Spieler 2 ein höheres Interesse an der Auszahlungssumme 4, die er mit der Strategie s_{23} erreichen könnte, sofern der Gegenspieler die Strategie s_{11} spielt. Rechnet aber Spieler 1 damit, dass Spieler 2 die Strategie s_{23} wählt, so spielt er s_{13}, worauf der Spieler 2 wiederum mit s_{21} antworten würde. Diesen Kreislauf könnte man weiter verfolgen (siehe dazu die Begründung „Trial and Error").

Der Spieler 2 weiß, dass sich sein „Wunsch" nicht erfüllt, da er davon ausgehen kann, dass Spieler 1 eben nicht s_{13} spielen wird. Da beide Spieler in jedem Strategieprofil außer im Nash-Gleichgewicht so denken, ist es die einzige rationale Wahl, dieses auch zu spielen. Holler und Illing stellen diesbezüglich fest, dass das Spielen von Gleichgewichtsstrategien in diesen Fällen eine zwingende logische Konsequenz rationalen Verhaltens ist (vgl. [4], S. 60). Eine weitere Begründung, die die Sinnhaftigkeit des Nash-Gleichgewichts deutlich macht, liefert folgende Frage:

▶ Wie würde das Strategieprofil aussehen, wenn die beiden Spieler über die möglichen Strategiekombinationen verhandeln?

Da wir uns in der nicht-kooperativen Spieltheorie befinden, gibt es *keine verbindlichen* Absprachen. Nehmen wir an, dass sich die Spieler vor dem Spiel treffen und ihre Möglichkeiten diskutieren, wie würde das Ergebnis der Kommunikation aussehen? Die Einigung auf ein Nash-Gleichgewicht wäre das plausibelste Ergebnis, da jedes andere Strategieprofil für beide Spieler nicht zuverlässig wäre, weil zumindest ein Spieler einen Anreiz hätte, seine Strategie zu ändern (vgl. [10], S. 65). Der gleiche Sachverhalt ist gegeben, wenn in einem Spiel eine nicht beteiligte Person zwischen den beiden Spielern berät. Angenommen er kann die Spieler nicht dazu zwingen die Empfehlung einzuhalten, werden die Spieler nur bei einer Empfehlung zustimmen: Die Empfehlung, die ein Nash-Gleichgewicht ist (vgl. [11], S. 187f).

Vorausgesetzt es wird ein Strategieprofil gespielt, welches kein Nash-Gleichgewicht ist und das Spiel wird über mehrere Perioden gespielt. In diesem Fall wird ein Spieler merken, dass er eine höhere Auszahlung erhalten kann und wird seine Strategie dementsprechend ändern. Daraufhin wird der andere Spieler, sofern ein Nash-Gleichgewicht noch nicht erreicht ist, seine Strategie ändern wollen. So ein Zyklus wurde schon oben angesprochen. Dieser Prozess, den Dutter [10] mit „Trial and Error" bezeichnet, wird so lange fortwähren, bis das Nash-Gleichgewicht erreicht ist, weil hier keiner eine höhere Auszahlung durch einen einseitigen Strategiewechsel erhält (vgl. [10], S. 65f). Diese Begründung ist überzeugend, allerdings nicht gänzlich korrekt: Die erste Frage die sich stellt ist, wie diese Begründung auf die Existenz von mehreren Nash-Gleichgewichten reagiert. Ein Nash-Gleichgewicht ist nicht immer eindeutig, d. h. es können auch mehrere Strategien existieren, die im Nash-Gleichgewicht liegen. Es gibt verschiedene Theorien zur Selektion von solchen multiplen Gleichgewichten. Ein einführender Blick in diese Theorien gibt u. a. Sieg [12] und auch Riechmann [13]. Die zweite aufkommende Frage ist die nach der Existenz eines Nash-Gleichgewichts. Es gibt durchaus Beispiele, in denen der oben genannte Prozess zu keiner stabilen Lösung führt und dieser Zyklus nie aufhören wird. Es gibt also nicht immer ein Nash-Gleichgewicht (in reinen Strategien), allerdings existiert immer ein Nash-Gleichgewicht, wenn man gemischte Strategien zulässt[4]. Den Existenzbeweis lieferte Nash 1951, dieser besagt, dass es in jedem Spiel mit endlich vielen Spielern und Strategien, mindestens ein, möglicherweise ein gemischtes Nash-Gleichgewicht, existiert.

2.3 Zusammenfassung

Auch wenn es in dieser Ausarbeitung zu keinem konkreten Anwendungsbeispiel kam, hat dieses Lösungskonzept einen sehr großen Nutzen in diversen Anwendungsgebieten.
Das Nash Gleichgewicht gilt als ein Kernpunkt der Spieltheorie. Rieck stellt dazu fest, dass es „eine der genialsten Entdeckungen in den Sozialwissenschaften" ist. Es gilt als eines der wichtigsten und universellsten Konzepte in dem gesamten Bereich der Spieltheorie (vgl. [5], S. 33).

---

[4]bei einem Nash-Gleichgewicht in gemischten Strategien wird jeder Strategie eine Wahrscheinlichkeitsverteilung zugewiesen. Die Entscheidung über die Auswahl der Strategien wird mit Hilfe eines gewählten Zufallsmechanismus getroffen. Gemischte Strategien werden in dieser Arbeit nicht angesprochen.

Literatur

[1] Joachim Rosenmüller. „Nobelpreis für Wirtschaftswissenschaften - die Spieltheorie wird hoffähig". In: *Spektrum der Wissenschaft* 12 (1994), S. 25–33.

[2] Walter Schlee. *Einführung in die Spieltheorie*. Wiesbaden: Vieweg, 2004.

[3] Christian Rieck. *Das Genie John Nash*. Stand: 23. Mai 2009. URL: http://www.spieltheorie.de/Nobelpreis/john-nash.htm.

[4] Manfred Holler und Gerhard Illing. *Einführung in die Spieltheorie*. 7. Auflage. Berlin: Springer, 2009.

[5] Christian Rieck. *Spieltheorie. Eine Einführung*. 8. überarbeitete und erweiterte Auflage. Eschborn: Christian Rieck Verlag, 2008.

[6] Andreas Diekmann. *Spieltheorie. Einführung, Beispiele, Experimente*. Reinbek bei Hamburg: Rowohlt, 2009.

[7] Theodore L. Turocy und Bernhard von Stengel. *Game Theory (Preprint)*. Stand: 18. Mai 2009. URL: http://www.cdam.lse.ac.uk/Reports/Files/cdam-2001-09.pdf.

[8] Siegfried K. Berninghaus, Karl-Martin Ehrhart und Werner Güth. *Strategische Spiele. Eine Einführung in die Spieltheorie*. 2. Auflage. Berlin: Springer, 2006.

[9] Jürgen Jerger. *Spieltheorie. Skript zur Vorlesung*. Universität Regensburg., WS 2007/08. Stand: 29. Mai 2009. URL: http://lpmt090.biomed.uni-erlangen.de/~cmetzner/KomplexeSysteme/014_Spieltheorie/jerger07_Spieltheorie.pdf.

[10] Prajit K. Dutta. *Strategies and Games. Theory and Practice*. London: MIT Press, 1999.

[11] Harald Wiese. *Entscheidungs- und Spieltheorie*. Berlin: Springer, 2002.

[12] Gernot Sieg. *Spieltheorie*. 2. Auflage. München: Oldenbourg, 2005.

[13] Thomas Riechmann. *Spieltheorie*. 2. Auflage. München: Vahlen, 2008.